Bibliografische Information der Deutschen Nationalbibliothek:

Die Deutsche Bibliothek verzeichnet diese Publikation in der Deutschen National-
bibliografie; detaillierte bibliografische Daten sind im Internet über http://dnb.d-
nb.de/ abrufbar.

Impressum:

Copyright © 2018 GRIN Verlag
Druck und Bindung: Books on Demand GmbH, Norderstedt Germany
ISBN: 9783668912106

Dieses Buch bei GRIN:

https://www.grin.com/document/459840

Marvin Heyse

Aus der Reihe: e-fellows.net stipendiaten-wissen

e-fellows.net (Hrsg.)

Band 3060

Aerodynamische Energiewandlung. Technische Systeme - Aerodynamik

GRIN Verlag

GRIN - Your knowledge has value

Der GRIN Verlag publiziert seit 1998 wissenschaftliche Arbeiten von Studenten, Hochschullehrern und anderen Akademikern als eBook und gedrucktes Buch. Die Verlagswebsite www.grin.com ist die ideale Plattform zur Veröffentlichung von Hausarbeiten, Abschlussarbeiten, wissenschaftlichen Aufsätzen, Dissertationen und Fachbüchern.

Besuchen Sie uns im Internet:

http://www.grin.com/

http://www.facebook.com/grincom

http://www.twitter.com/grin_com

Inhaltsverzeichnis

1. Einleitung

Dieses Assignment entstand im Rahmen des Moduls „Allgemeine Systemtheorie" und erfolgte in eigenständiger Recherche. Es teilt sich in drei Hauptbereiche mit verschiedenen Zielen und Betrachtungsweisen eines aerodynamischen Energiewandlungssystems – einer Windkraftanlage.

2. Aufgabenstellung und Zielsetzung

Die Aufgabenstellung des Assignments ist in vier Hauptaufgaben geteilt. Als Erstes soll das System „aerodynamische Energiewandlung" beschrieben werden. Hierbei sollen die wesentlichen Systemelemente berücksichtigt werden. Im zweiten Teil werden die Transfersignale innerhalb des beschriebenen Systems betrachtet und den verschiedenen Kategorien von Transfersignalen zugeordnet. Weiter werden Rückkopplungen mit anderen Systemen ermittelt.

Abschließend wird das System der aerodynamischen Energiewandlung mit anderen umweltfreundlichen Arten der Energiewandlung hinsichtlich ihrer Bedeutung für die Energiewende in der Bundesrepublik vergleichen.

Das Ziel dieser Arbeit ist es das gewählte System umfänglich zu beschreiben, zu analysieren und einen Ausblick auf die Zukunft solcher Systeme zu tätigen.

3. Systembeschreibung

Bei der aerodynamischen Energiewandlung, oder umgangssprachlich auch Windenergie genannt, wird die kinetische Energie des Windes mittels Rotorblättern in rotatorische Energie umgewandelt. Diese Rotationsenergie wird weiter durch einen Generator in elektrische Energie konvertiert. Die einzelnen Wandlungen der Energien sind verlustbehaftet.

Das System der aerodynamischen Energiewandlung wird für den Rahmen dieses Assignments wie folgend abgegrenzt; der Rotor bildet die Grenze auf der Eingangsseite während der Frequenzumrichter auf der Ausgangseite das System begrenzt. Zwischen den beiden Grenzen liegen die Rotorblätter mit –nabe, die Welle, eine Bremse und der Generator. Aus Simplifizierungsgründen wird eine direkt angetriebene Windkraftanlage ohne Getriebe angenommen. Hilfssysteme wie Stallregelung, Schmierung und Kühlung werden ebenfalls nicht betrachtet. Das System zur Ausrichtung der Gondel, die sogenannte Windnachführung, wird als Teilsystem bestehend aus Windmesser, Regler und Azimutmotor betrachtet.

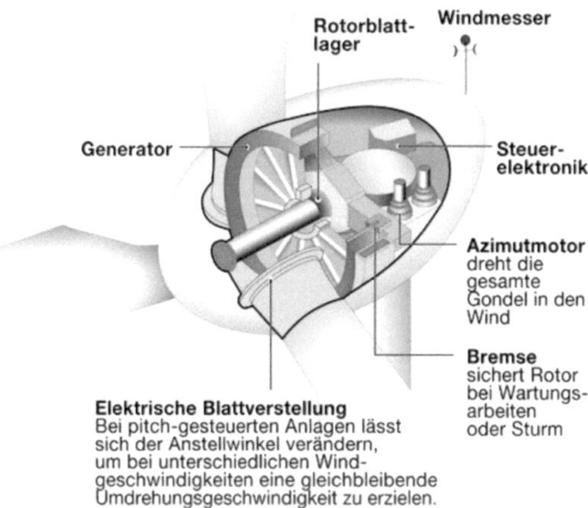

Abb. 1: Aufbau einer getriebelosen Windenergieanlage (Agentur für erneuerbare Energien)

Betrachtet man die Windkraftanlage in einer Wirkungskette und aus Sicht der Energieumwandlung, lässt sich das Gesamtsystem wie folgt darstellen:

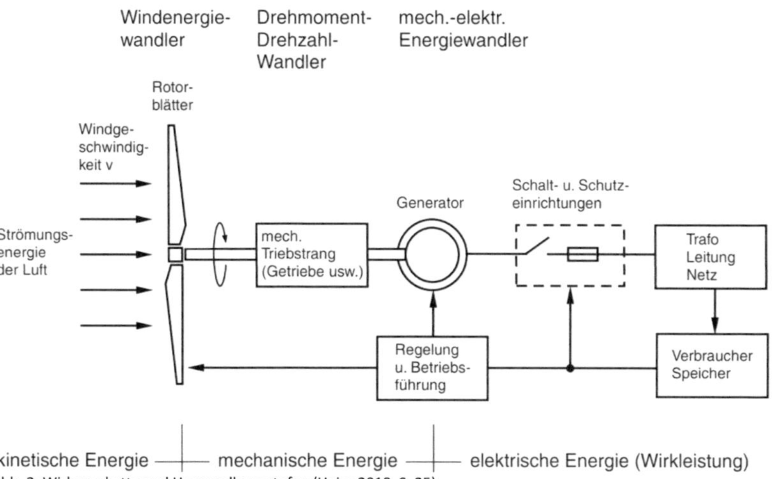

Abb. 2: Wirkungskette und Umwandlungsstufen (Heier 2018, S. 25)

Zu allererst trifft die bewegte Luft auf den Rotor, welcher die Strömungsenergie in mechanische Rotationsenergie umwandelt. Diese Rotationsenergie wird, falls vorhanden, durch den Drehmoment-Drehzahl-Wandler zum Generator transportiert. Hier erfolgt eine mechanisch-elektrische Energiewandlung, woraus die elektrische Energie entsteht. Diese wird um elektrotechnische Bauteile (Schalt- und Schutzeinrichtungen) zum Frequenzumrichter geleitet und von dort aus ins Stromnetz eingespeist. In diesem Abschnitt erfolgt keine Energiewandlung mehr. Eine mögliche Energiewandlung durch den Verbraucher ist nicht Bestandteil dieses Systems. Der Verbraucher selbst beeinflusst wiederum den Betriebszustand der Windkraftanlage durch seinen Abruf von elektrischer Energie (Rückkopplung).

Der in Abb. 2 dargestellte „Verbraucher" wird außerhalb des Systems gesehen und daher in diesem Assignment nicht weiter betrachtet.

3.1 Ursachen und Wirkungen

Die Ursachen und Wirkungen einer Windkraftanlage lassen sich vereinfacht in einem Blackbox-Modell darstellen:

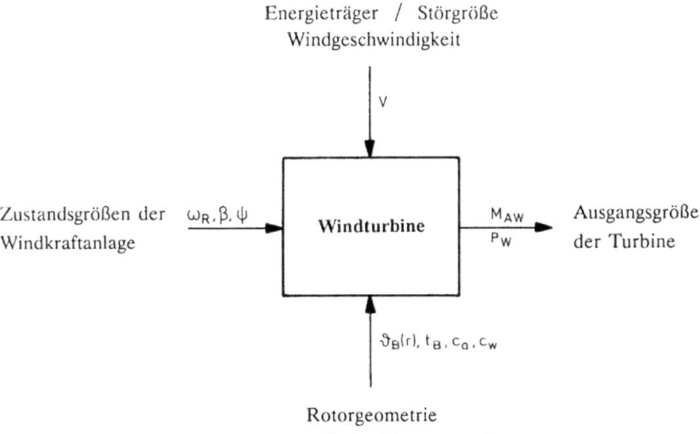

Abb. 3: Ursachen und Wirkungen einer Windkraftanlage (Heier 2018, S. 30)[1]

---

[1] v – Windgeschwindigkeit, ω_R- Winkelgeschwindigkeit des Windrades, β- Rotorblatteinstellwinkel, Ψ- Stellung des Rotors zum Turm, $\vartheta_B(r)$- Winkel zwischen 0,7 und der Profilstellung des Rotorblattes, t_B- Blatttiefe, c_a-

Als unabhängige Eingangsgröße wird die Windgeschwindigkeit gesehen. Diese stellt einen Umweltparameter dar, der für die Energiezufuhr maßgebend ist. Gleichzeitig kann sie aber auch Störgrößencharakter haben.

Weiter existieren anlagenspezifische Eingangsgrößen. Diese beinhalten insbesondere die Rotorblattgeometrie und die Rotoranordnung.

Als veränderbare Größen (Zustandsgrößen) treten Turbinendrehzahl, Rotorblattstellung und Blatteinstellwinkel auf. Diese ergeben sich aufgrund des Übertragungssystems der gesamten Windkraftanlage.

Die Zustandsgrößen beeinflussen gezielt und direkt die Ausgangsgrößen der Turbine, die Leistung bzw. das Drehmoment. (vgl. Heier 2018, S. 30)

Weitere Wirkungen sind Abwärme und Schall sowie der Umweltparameter Windgeschwindigkeit. Die Abwärme und die Schallwellen entstehen durch Reibungsverluste und Schwingungen innerhalb des technischen Systems. Da der bewegten Luft nur ein gewisser Anteil an Bewegungsenergie entnommen werden kann, ist die Eingangsgröße Wind auch noch als Ausgangsgröße vorhanden. Jedoch ändert sich die mitgeführte Energie und damit die Geschwindigkeit des Windes.

Innerhalb des Systems treten weitere Ursachen für integrierte Systeme auf. So bildet der Abtrieb der Rotorblätter durch deren Anströmung die Ursache für die Rotation, welche wiederum die Ursache für die Stromerzeugung innerhalb des Generators darstellt.

Es besteht zudem eine Rückkopplung durch den Energieabruf des Verbrauchers. Besteht Bedarf, beeinflusst dies die Windkraftanlage und es wird Energie gewandelt. Innerhalb des Systems besteht eine Rückkopplung seitens der Windnachführung, welche durch die Störgröße „Seitenwind" den Regler zur Nachführung der Anlage durch den Azimutmotor veranlasst.

Auftriebsbeiwert eines Blattprofils, c_W-Widerstandsbeiwert eines Blattprofils, M_{AW}- Antriebsmoment der Windturbine, P_W- Windturbinenleistung

4. Transfersignale

4.1 Zuordnung von Merkmalen

Die bereits oben erwähnten Transfersignale sind:

- Zustandsgrößen der Windkraftanlage
    - o Winkelgeschwindigkeit des Windrades
    - o Rotorblatteinstellwinkel
    - o Stellung des Rotors zum Turm
- Rotorgeometrie
    - o Winkel zwischen 0,7 und der Profilstellung des Rotorblattes
    - o Blatttiefe
    - o Auftriebsbeiwert eines Blattprofils
    - o Widerstandsbeiwert eines Blattprofils
- Energieträger und Störgröße (Windgeschwindigkeit)
- Ausgangsgrößen
    - o Windturbinenleistung
        - Stromstärke
        - Frequenz
        - Phasenwinkel
    - o Antriebsmoment der Windturbine

Die Rotorgeometrie wird als unveränderliche Größe angesehen und wird daher bei der Zuordnung der Merkmale ausgespart.

Tabelle 1: Zuordnung der wichtigsten Merkmale

Transfersignal	Merkmale gem. Abbildung 46
Winkelgeschwindigkeit, Rotorblatteinstellung	zeit- und amplitudenkontinuierlich, analog, deterministisch, aperiodisch
Stellung des Rotors zum Turm	periodisch, deterministisch
Windgeschwindigkeit	zeit- und amplitudenkontinuierlich, analog, stochastisch, aperiodisch

Windturbinenleistung, Stromstärke, Antriebsmoment	zeit- und amplitudenkontinuierlich, analog, deterministisch, aperiodisch, zeitbegrenzt
Frequenz (vor Umrichter), Phasenwinkel	zeit- und amplitudenkontinuierlich, analog, deterministisch, periodisch, zeitbegrenzt

4.2 Rückkopplungen

Wie bereits in der Systembeschreibung erwähnt, besitzt das System Windkraftanlage eine interne, technische Rückkopplung über die Windnachführung. Eine weitere technische Rückkopplung entsteht über die Störgröße „Energiebedarf", also die Anforderung elektrischer Energie durch den Verbraucher.

Als soziale Rückkopplungen werden die Einflüsse auf das System Gesellschaft gesehen. Hier finden sich die Kontroversen über die Prägung des Landschaftsbildes, die Interessen der Gesellschaft an nachhaltiger Energiegewinnung, der Flächenverbrauch, die Gefährdung der Menschen durch Infraschall, Eiswurf und Brand sowie die Beeinträchtigung durch den Schattenwurf der Anlage. (Gampe et al. 2014, S. 8–10).

Die ökologischen Rückkopplungen auf das System der aerodynamischen Energiewandlung sind positiver als auch negativer Natur. Dabei ist positiv und negativ nicht im Sinne der mathematischen Gleichung zu verstehen. Die Windkraftanlage besitzt eine negative Auswirkung auf die lokale Ökonomie durch den Flächenverbrauch, den Schatten- und Eiswurf sowie die Brandgefahr, wie bereits bei den sozialen Rückkopplungen erwähnt. Weiter beeinträchtigt eine Windkraftanlage den Lebensraum der Tiere, insbesondere der Vögel. Erste quantitative Studien zum Kollisionsrisiko zwischen Vögeln und Windkraftanlagen zeigen, dass Vögel durch die Rotorblätter zu Schaden kommen können (Blew et al. 2016). Die wirklichen Auswirkungen sind jedoch noch unklar, wie eine Gegendarstellung von (Kohle) zeigt. Dem Verfasser des Assignments erscheint die Argumentationskette der Darstellung von (Kohle) jedoch nicht schlüssig, wie auch von (Lachmann), des Referenten für Ornithologie und Vogelschutz des Naturschutzbundes Deutschland e.V., dargestellt. Andere, positivere ökologische Rückkopplungen ist die Wandlung von nachhaltiger Energie. Durch den von Windkraft erzeugten Strom können konventionelle Kraftwerke die Stromerzeugung senken, wodurch Umweltgifte eingespart werden. Das heißt, dass keine externen Kosten durch Emission und Lagerung und Entsorgung von kontaminierten Materialien anfallen.

Werden die ökonomischen Rückkopplungen betrachtet, fällt als erstes die kostenfreie Energiequelle Windgeschwindigkeit auf. Dieser Energieträger ist, sofern er vorhanden ist, kostenfrei nutzbar. Daher ergibt sich eine ungefähre energetische Amortisationszeit von drei bis sechs Monaten je nach Standort der Anlage. Die wirtschaftliche Amortisation beträgt jedoch deutlich länger und kann abhängig von den finanziellen, technischen und lokalen Randbedingungen zwischen zehn und 18 Jahren betragen.

5. Bedeutung im Zusammenhang mit der Energiewende

Als Grundlage für die Diskussion des Stellenwerts von aerodynamischen Energiewandlungssystemen gegenüber anderen, sowohl konventionellen als auch erneuerbaren, Energiewandlungssystemen sollen hier die Energiegestehungskosten, also die Herstellkosten des elektrischen Stroms, herangezogen werden. Auch wenn diese Betrachtung bereits den Wirkungsgrad der Energiewandlung beinhaltet, wird dies in einem zweiten Teil gesondert betrachtet.

5.1 Stromgestehungskosten

Für die Untersuchung des Fraunhofer Institutes wurde die Betrachtung in Nord- und Süddeutschland getrennt und, anhand von technischen und finanziellen Marktdaten und Annahmen für den Bau von konventionellen Kraftwerken, die Stromgestehungskosten bewertet. Hierbei ergab sich, dass die aerodynamische Energiewandlung insbesondere im Onshore-Bereich bereits günstiger als konventionelle Stromerzeugung sein kann. Frei stehende Fotovoltaikanlagen, umgangssprachlich Solarparks, können sogar noch geringere Stromgestehungskosten aufweisen, wie in Abb. 4 ersichtlich ist. Gleichwohl zeigt sich die Dominanz der Braunkohle unter den konventionellen Stromerzeugungsarten. Hierauf stützt sich derzeit der Energiekonzern RWE und begründet durch diese vermeintliche Wichtigkeit die Notwendigkeit für Braunkohle für die Stromerzeugung (Ehlerding et al. 2018).

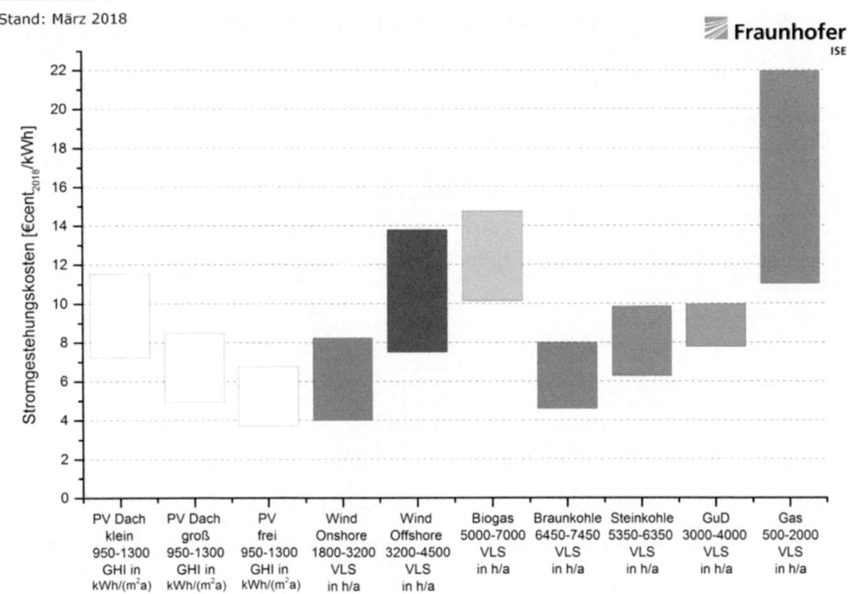

Abb. 4: Stromgestehungskosten nach Herstellungsart (Kost et al. 2018, S. 15)

Die geringen Stromgestehungskosten von Windkraftanlagen sind letztlich auch die treibende Kraft für den Bau weiterer Anlagen trotz der Gegenargumente wie Flächenverbrauch, Beeinträchtigung des Landschaftsbildes und den Gefahren wie Eiswurf und Brand. Moderne Windkraftanlagen sind bereits mit Löschanlagen ausgerüstet und können im Brandfall sich selbst löschen, wodurch das letzte Argument vermehrt hinfällig wird. Flächenverbrauch sowie die Beeinträchtigung des Landschaftsbildes treten auch bei konventionellen und anderen regenerativen Energiewandlungsformen in teils deutlich stärkerer Ausprägung auf. Daher setzt auch die Bundesregierung verstärkt auf Windkraftanlagen (Bundesministerium für Wirtschaft und Energie 2018). Durch die letzte Änderung des Erneuerbaren-Energie-Gesetzes (EEG) wird der Ausbau der Windenergie jedoch nach Meinung der Bundestagsfraktion von Bündnis 90/Die Grünen stark gebremst. Insbesondere das umfangreiche Ausschreibungsverfahren für Windkraftparks verzögere den Ausbau dramatisch (Bündnis 90, Die Grünen 2018). Der Aufschrei der Bundestagsfraktion zeigt erneut die Wichtigkeit und den hohen Stellenwert der aerodynamischen Energiewandlung; die „Windenergie leistet[e] den größten Beitrag zur Stromerzeugung aus erneuerbaren Energien" (AGEE-Stat 2018).

5.2 Wirkungsgrade der Energiewandlungssysteme

Fokussiert auf den Wirkungsgrad der Energiewandlung, wird erkennbar, dass die aerodynamische Energiewandlung den höchsten Wirkungsgrad unter den erneuerbaren Energieformen besitzt.

Tabelle 2: Wirkungsgrade und Exergieanteile (Wirth 2018), (Kost et al. 2018), (Umweltbundesamt 2018), (Wiese et al.)

	PV	Wind	Biomasse	Braunkohle	Steinkohle	GuD	Gas	AKW
Wirkungsgrad	14	45	40	45	46	60	49	70
Exergieanteil	84	76,3	64,3	k.A.	k.A.	k.A.	k.A.	k.A.

Zwar ist der Exergieanteil von Fotovoltaikanlagen etwas größer, jedoch fällt dieser auf einen deutlich geringeren Wirkungsgrad an. Das bedeutet, dass zwar während der Energiewandlung relativ mehr elektrische Energie erzeugt wird, die Wandlung jedoch mit einem deutlich geringeren Potenzial startet. Daher ist der Exergieanteil der Windkraft am größten. Die Exergiebetrachtung der konventionellen, fossilen Kraftwerken (Braun- und Steinkohle, Gas- und Dampfturbinenkraftwerk, Gas und Atomkraft) ist hier nicht zielführend, da der Exergieanteil durch den Energieeinsatz zur Brennstoffgewinnung deutlich unter der nutzbaren Energie der regenerativen Energieformen liegt.

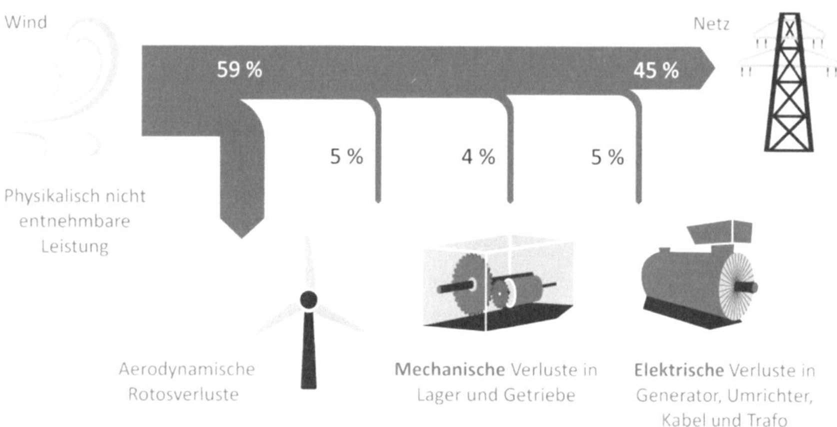

Abb. 5: Wirkungsgrad aerodynamischer Energiewandlung (Bundesverband WindEnergie 2018)

6. Tabellenverzeichnis

7. Abbildungsverzeichnis

8. Literaturverzeichnis

AGEE-Stat (2018): Erneuerbare Energien in Zahlen. Hg. v. I 2.5 Energieversorgung und -daten und Geschäftsstelle der Arbeitsgruppe Erneuerbare Energien-Statistik (AGEE-Stat). Umweltbundesamt. Dessau-Roßlau. Online verfügbar unter https://www.umweltbundesamt.de/themen/klima-energie/erneuerbare-energien/erneuerbare-energien-in-zahlen#textpart-1, zuletzt geprüft am 09.10.2018.

Agentur für erneuerbare Energien: Aufbau einer Windenergieanlage. Online verfügbar unter https://www.unendlich-viel-energie.de/erneuerbare-energie/wind/onshore/wie-funktioniert-eine-windkraftanlage, zuletzt geprüft am 19.09.2018.

Blew, J.; Coppack, T.; Grünkorn, T.; Krüger, O.; Nehls, G.; Potiek, A. et al. (2016): Ermittlung der Kollisionsraten von (Greif)Vögeln und Schaffung planungsbezogener Grundlagen für die Prognose und Bewertung des Kollisionsrisikos durch Windenergieanlagen (PROGRESS). Schlussbericht zum durch das Bundesministerium für Wirtschaft und Energie (BMWi) im Rahmen des 6. Energieforschungsprogrammes der Bundesregierung geförderten Verbundvorhaben PROGRESS, FKZ 0325300A-D. Online verfügbar unter http://bioconsult-sh.de/site/assets/files/1560/1560-1.pdf, zuletzt geprüft am 22.09.2018.

Bundesministerium für Wirtschaft und Energie (2018): Windenergie auf See. Ziele. Online verfügbar unter https://www.erneuerbare-energien.de/EE/Navigation/DE/Technologien/Windenergie-auf-See/Ziele/ziele.html, zuletzt geprüft am 09.10.2018.

Bundesverband WindEnergie (2018): Energiewandlung. Berlin. Online verfügbar unter https://www.wind-energie.de/fileadmin/_processed_/2/c/csm_energiewandlung-energiefluss_d37b0fc71c.png, zuletzt aktualisiert am 20.06.2018, zuletzt geprüft am 22.09.2018.

Bündnis 90, Die Grünen (2018): Erneuerbare Energien. Bundesregierung schickt Windkraft in die Krise. Online verfügbar unter https://www.gruene-bundestag.de/energie/bundesregierung-schickt-windkraft-in-die-krise-22-02-2018.html, zuletzt geprüft am 09.10.2018.

Ehlerding, Susanne; Frese, Alfons; Weiermann, Sebastian (2018): Hambacher Forst ist Symbol für Kampf gegen Kohle. In: *Der Tagesspiegel*, 06.09.2018. Online verfügbar unter https://www.tagesspiegel.de/politik/nordrhein-westfalen-hambacher-forst-ist-symbol-fuer-kampf-gegen-kohle/23000780.html, zuletzt geprüft am 24.09.2018.

Gampe; Kilburg, S.; Kopfinger; Leuchtweis; Pillichshammer; Pour-Sartip; Sigel (2014): Akzeptanz für die Windenergie. Eine Argumentationshilfe. Hg. v. C.A.R.M.E.N. e.V. Straubing. Online verfügbar unter https://www.carmen-ev.de/files/informationen/Brosch C3 BCren/CARMEN-Broschuere_Akzeptanz 20fuer 20die 20Windenergie 20-
  20Eine 20Argumentationshilfe.pdf, zuletzt geprüft am 21.09.2018.

Heier, Siegfried (2018): Windkraftanlagen. Systemauslegung, Netzintegration und Regelung. 6. Aufl. 2018. Wiesbaden: Springer Vieweg.

Kohle, Oliver Dr. (2016): Windenergie und Rotmilan: Ein Scheinproblem. Hg. v. KohleNusbaumer SA. Lausanne. Online verfügbar unter https://www.kn-sa.ch/rotmilan, zuletzt geprüft am 22.09.2018.

Kost, Christoph; Shammugam, Shivenes; Jülch, Verena; Nguyen, Huyen-Tran; Schlegl, Thomas (2018): Stromgestehungskosten Erneuerbare Energien. Unter Mitarbeit von Lisa Bongartz, Thomas Fluri, Charitha Buddhika Heendeniya, Klaus Kiefer, Björn Müller, Franziska Riedel und

Eberhard Rössler. Fraunhofer-Institut für solare Energiesysteme ISE. Freiburg. Online verfügbar unter https://www.ise.fraunhofer.de/content/dam/ise/de/documents/publications/studies/DE2018_ISE_Studie_Stromgestehungskosten_Erneuerbare_Energien.pdf, zuletzt geprüft am 22.09.2018.

Lachmann, Lars (2016): Rotmilan und Windenergie – ein Faktencheck. NABU - Naturschutzbund Deutschland e.V. Berlin. Online verfügbar unter https://www.nabu.de/imperia/md/content/nabude/energie/wind/160406-nabu-faktencheck-rotmilan-und-windenergie.pdf, zuletzt geprüft am 22.09.2018.

Umweltbundesamt (2018): Konventionelle Kraftwerke und erneuerbare Energien. Online verfügbar unter https://www.umweltbundesamt.de/daten/energie/konventionelle-kraftwerke-erneuerbare-energien#textpart-5, zuletzt aktualisiert am 15.03.2018, zuletzt geprüft am 09.10.2018.

Wiese, Lars; Kather, Alfons; Kaltschmitt, Martin: Energetische, exergetische und ökonomische Evaluierung der thermochemischen Vergasung zur Stromerzeugung aus Biomasse. [Elektronische Ressource]. Hamburg: Techn. Univ. Hamburg-Harburg.

Wirth, Harry Dr. (2018): Aktuelle Fakten zur Photovoltaik in Deutschland. Freiburg. Online verfügbar unter https://www.ise.fraunhofer.de/content/dam/ise/de/documents/publications/studies/aktuelle-fakten-zur-photovoltaik-in-deutschland.pdf, zuletzt aktualisiert am 20.07.2018, zuletzt geprüft am 09.10.2018.